AF555489

OBSERVATOIRES ASTRONOMIQUES

DE

PROVINCE.

ANNÉE 1881.

PARIS.
IMPRIMERIE NATIONALE.

1882.

OBSERVATOIRES ASTRONOMIQUES

DE

PROVINCE.

ANNÉE 1881.

PARIS.

IMPRIMERIE NATIONALE.

1882.

RAPPORT

ADRESSÉ

PAR LE COMITÉ CONSULTATIF

DES OBSERVATOIRES ASTRONOMIQUES DE PROVINCE

A M. LE MINISTRE DE L'INSTRUCTION PUBLIQUE.

RAPPORTEUR : M. M. LOEWY.

Dans l'année 1881, de nouveaux et sérieux progrès ont été réalisés dans l'œuvre de réorganisation de l'astronomie française. Grâce à votre haute influence, toutes les difficultés qui ont entravé si longtemps la mise à exécution du projet de l'observatoire de Besançon ont été aplanies, et cette ville se trouvera dotée bientôt d'un établissement appelé à rendre de grands services à l'une des plus importantes branches de l'activité nationale en Franche-Comté, à l'industrie horlogère, et cette dernière création complétera le réseau des observatoires français.

La réforme considérable à laquelle vous avez pris une si large part touche donc à son terme, et elle présente un caractère particulier qu'il importe de faire ressortir; elle inaugure, en effet, dans l'ordre scientifique, une ère nouvelle, celle de la décentralisation.

On sait quel rôle prépondérant, l'on peut dire presque exclusif, Paris a constamment joué dans le développement intellectuel de notre pays : les esprits les plus hardis, les plus puissants, les plus ingénieux, ont toujours afflué vers ce foyer intense, trouvant là en abondance les ressources les plus variées, et tous les éléments nécessaires à l'exercice et à l'accroissement de leurs facultés; il en est résulté, dans la capitale, une concentration merveilleuse d'intelligences d'élite qui a donné naissance aux manifestations les plus diverses et les plus considérables du génie national.

Si cet état de choses a pu avoir sa grandeur, il faut reconnaître que, d'un autre côté, il était fort préjudiciable à des intérêts d'un ordre supérieur; aussi, depuis longtemps, cette situation a-t-elle préoccupé les penseurs et les hommes d'État, qui ont cherché les moyens de remédier dans une certaine mesure à cette absorption excessive des forces vives du pays. On a donc tenté de créer des centres intellectuels nouveaux, distincts de la capitale et indépendants; malheureusement ces tentatives n'ont pas toujours répondu aux espérances qu'elles avaient fait naître.

Entre toutes les sciences, l'astronomie a surtout souffert de cette centralisation, dont elle présentait peut-être l'exemple le plus saisissant. Pendant longtemps en effet, et jusque dans ces dernières années, l'observatoire de Paris a été en France le seul établissement de son genre où l'on pût se livrer à l'étude des grands problèmes de l'astronomie expérimentale. Cette agglomération unique de travailleurs, groupés sous la direction absolue d'un seul, a eu pour effet de soumettre les initiatives individuelles à une contrainte qui en a paralysé l'essor, et a porté les plus sérieux préjudices à la marche générale de la science astronomique.

Le caractère défectueux d'une pareille organisation s'est fait si vivement sentir, qu'il est devenu indispensable de répudier le système suivi dans le passé et de recourir à un plan nouveau; c'est ainsi que la décentralisation scientifique a été appliquée à l'astronomie pour la première fois, mais on peut déjà constater que, contrairement aux essais antérieurs, les tentatives poursuivies dans ce cas ont été couronnées d'un plein succès et ont déjà donné les résultats les plus favorables.

Depuis une douzaine d'années, l'État a créé ou complété l'organisation de 8 observatoires nouveaux, et 7 d'entre eux sont entrés résolûment dans l'arène de la science; nous sommes heureux de constater qu'ils ont apporté un contingent de travaux remarquables qui, sans eux, ne se fussent certainement pas produits. Chaque année, depuis l'origine de cette création, s'est trouvée marquée par des progrès nouveaux.

Au surplus, l'examen des travaux cités antérieurement, et l'analyse des études nouvelles que nous allons faire actuellement connaître, démontreront l'étendue et l'importance des résultats acquis, grâce à ce nouvel état de choses.

Dans le rapport de 1881, nous avons indiqué l'un des travaux fondamentaux de l'observatoire de Marseille, consistant dans la revision des étoiles contenues dans le catalogue de Rümker; il convient de parler cette année d'une autre recherche entreprise depuis longtemps déjà par M. Stéphan, l'exploration systématique du ciel pour la découverte de nébuleuses. Ces investigations, poursuivies avec persévérance et succès, constituent pour cet établissement aux yeux des astronomes le titre le plus élevé dans l'ordre scientifique.

Pour bien saisir l'importance de ces recherches, il faut rappeler ici en quelques lignes ce qui avait été fait antérieurement à cet égard et l'intérêt qui s'attache à ce genre d'étude.

Presque jusqu'à la fin du siècle dernier, on ne trouve rien dans la science qui se rapporte aux nébuleuses; en 1716, Halley ne connaissait que six de ces objets célestes. Ce n'est que vers 1771 que l'infatigable chercheur de comètes Messier fit paraître un petit catalogue contenant 103 numéros, et dont le but principal était de signaler dans l'espace la présence d'amas d'étoiles qu'il ne fallait pas confondre avec les comètes.

C'est au génie pénétrant de W. Herschel qu'était réservée la gloire d'inaugurer un genre d'études tout nouveau et destiné à nous fournir les premières notions sur la constitution générale de l'univers.

Le premier, il entreprit une exploration systématique du ciel et publia successivement, de 1786 à 1802, en plusieurs fascicules, les résultats de ses recherches; la discussion de ses observations l'amena aux conceptions cosmogoniques les plus élevées et les plus hardies. Se basant sur ce principe si simple que les mouvements, aussi bien que l'éclat, sont d'autant plus faibles que les astres sont plus éloignés de nous, W. Herschel a montré tout le parti qu'on pouvait tirer de l'étude de ces nébuleuses, et, le premier, il a fait cette remarque si judicieuse et si profonde, que, par l'analyse des formes qu'affectent ces divers mondes énigmatiques, on arrivera à des conclusions probables sur leur genèse, sur leur constitution générale et sur la période d'évolution à laquelle ils sont arrivés dans leur existence stellaire.

Les astronomes, pénétrés désormais de l'intérêt de ces études, ont alors dirigé leurs efforts de ce côté.

Dunlop, entre autres, dans une publication couronnée par l'Association scientifique d'Angleterre, fournit un catalogue renfermant 840 objets.

John Herschel surtout, suivant l'exemple de son illustre père, publia bientôt après plusieurs ouvrages, contenant ses propres découvertes faites soit à Slough, soit au Cap, et, ajoutant à ses observations celles de ses devanciers, il confectionna le catalogue général de 5,079 nébuleuses et amas d'étoiles, qui parut en 1864 et renferme à peu près tout ce qui était connu sur ce sujet à cette époque.

Mais tous ces catalogues, ne contenant presque pas de positions exactes, ne peuvent guère être considérés à ce point de vue que comme un inventaire grossier du ciel. Pourtant des observations précises nous sont indispensables afin de pouvoir déterminer les mouvements propres, éléments qui nous fournissent des indications précieuses sur la distance de ces divers systèmes stellaires.

Déjà si considérable dans le passé, l'intérêt de ces recherches s'est encore accru depuis l'époque toute moderne où deux nouveaux procédés d'analyse expérimentale, la spectroscopie et la photométrie, en nous prêtant le concours de leur puissance, sont venus ouvrir un champ si vaste d'investigations aux astronomes.

Avec l'étude des nébuleuses, la science se trouve en face des derniers problèmes dont l'accès lui soit encore possible et au delà desquels il ne reste que les ressources des inductions de la philosophie naturelle. L'astronome, en plongeant le regard dans l'immensité pour en scruter les profondeurs les plus éloignées et y surprendre les plus faibles indices de l'existence stellaire, s'efforce de discerner quelques-unes des lois mystérieuses encore qui maintiennent l'équilibre dans cet ensemble prodigieux de corps célestes qui constituent le monde sidéral.

M. Stéphan s'est imposé particulièrement la tâche d'étendre autant que possible le cercle de nos connaissances relatives aux nébuleuses, par une nouvelle exploration systématique du ciel et par la détermination des positions précises qui nous font absolument défaut.

Dans la recherche et la découverte des nébuleuses, le directeur de l'observatoire de Marseille a utilisé le grand télescope de Foucault, qu'il place dans le méridien et fait mouvoir du nord au sud. En opérant ainsi, M. Stéphan observe les nébuleuses au moment où leur éclat subit le minimum d'amoindrissement par l'absorption de l'atmosphère, avantage considérable, car la presque totalité des nébuleuses à découvrir n'ont pu, à cause de leur faiblesse, être aperçues dans les explorations antérieures.

M. Stéphan est arrivé par ce procédé à en découvrir environ 650 qui avaient échappé à ses prédécesseurs. Pour bien se rendre compte de l'étendue et de la valeur de ce travail, il faut songer que pour constater 650 nouveaux objets il fallait passer en revue la plupart de ceux déjà catalogués et qu'il ne restait à découvrir que les plus faibles et les moins brillants. On sait que les nébuleuses, dans notre hémisphère boréal, sont inégalement réparties sur la voûte céleste; non seulement elles forment une sorte de voie lactée, mais de plus un grand nombre d'entre elles sont réunies en groupe. Cette disposition saute aux yeux quand on regarde les divers catalogues; elle n'est pas moins sensible dans le travail de M. Stéphan. Les nébuleuses que cet observateur a découvertes sont réparties en 53 groupes environ, et un certain nombre parmi eux forment groupement avec d'autres antérieurement reconnus par John Herschel et Dreyer.

Après avoir découvert ces 650 nébuleuses, M. Stéphan a fourni une description sommaire de leur aspect et de leur contour; il s'est appliqué en outre à déterminer les coordonnées avec toute l'exactitude que comportent les procédés micrométriques actuels.

Ces travaux sont les plus complets qui aient été effectués depuis les deux Herschel, car les astronomes qui ont abordé ce genre de recherches se sont surtout contentés de déterminer avec précision les positions de certaines nébuleuses déjà enregistrées dans le catalogue de John Herschel.

M. Stéphan a donc rendu un service important à la science astronomique en l'enrichissant de résultats si nombreux et si précieux.

Le plan et le but des travaux principaux effectués en 1881 à l'observatoire de Toulouse ont été déjà indiqués dans le rapport de 1880. Il n'y a donc pas lieu d'y revenir cette année.

L'installation de l'équatorial de Brunner a permis au directeur d'effectuer de nombreuses séries d'observations cométaires et planétaires, et d'entreprendre également de nouvelles recherches.

C'est ainsi qu'il s'est livré à une investigation fort intéressante ayant pour but la détermination des positions relatives des astres qui composent l'amas d'étoiles 1166. Ces agglomérations d'étoiles qu'on rencontre dans l'espace semblent former des mondes à part, et les corps célestes qui les constituent sont parfois si nombreux qu'on peut les compter par milliers dans le champ d'une lunette; l'étude des lois physiques qui les relient entre eux, et la détermination de leurs positions les uns par rapport aux autres, ainsi que celle qu'ils occupent dans l'espace par rapport à notre système solaire, offrent un véritable intérêt scientifique.

M. Rayet, directeur de l'observatoire de Bordeaux, de concert avec M. le lieutenant de vaisseau Salats, attaché à l'observatoire de Montsouris et délégué à cet effet par le Bureau des longitudes, a effectué dans cette année un travail important, la détermination de la longitude entre Paris et Bordeaux. Par ce genre d'études on arrive à l'aide d'une opération unique à un double résultat savoir : la différence d'heure, c'est-à-dire, un élément indispensable dans toutes les transactions de la vie, et la position relative des divers points du globe. Les points de repère ainsi fixés, lorsqu'ils sont obtenus avec la précision la plus rigoureuse, servent aux géodésiens comme éléments fondamentaux pour la construction des cartes et la détermination de la figure de la terre.

Mais, quand on veut atteindre la précision la plus absolue, on se heurte contre des obstacles insurmontables, inhérents à l'imperfection de la condition humaine. On est donc astreint, dans les bornes de la réalité, à n'atteindre pour l'exactitude que les dernières limites possibles, et le succès dans la poursuite de ce but exige de la part de l'observateur une sagacité particulière et des connaissances approfondies.

Une rapide analyse suffira pour montrer la série des difficultés qui s'imposent à lui et la multiplicité des recherches qu'il doit accomplir pour les mettre en lumière et s'affranchir de leur effet.

L'astronome doit tenir compte des diverses causes d'erreurs provenant du milieu dans lequel il se trouve placé, de la construction des instruments, quelle que soit d'ailleurs l'habileté de l'artiste qui les a exécutés; il a de plus à se prémunir contre la variabilité de ses sens propres.

D'une part, les conditions atmosphériques et climatériques exercent une influence sensible sur le sol et sur les instruments, et déterminent des déplacements souvent très appréciables; de plus elles modifient à tout instant les effets de la réfraction.

D'autre part, un défaut d'homogénéité dans la matière provoque dans les instruments, sous l'action de la pesanteur, un déplacement de la ligne de visée qui ne garde plus dès lors une direction invariable par rapport à l'axe instrumental.

Ensuite, il est à peu près impossible, malgré tous les soins apportés à la construction, de donner aux deux tourillons une régularité parfaite permettant à la lunette de décrire un seul et même plan durant la rotation.

En outre, il faut évaluer numériquement cet élément physiologique que l'on désigne sous le nom d'équation personnelle, c'est-à-dire mesurer l'avance ou le retard d'un astronome sur l'autre dans l'observation d'un phénomène se produisant à un instant déterminé.

Enfin, les observations se font au moyen de pendules dont la marche, quels que soient les soins apportés par l'artiste, ne coïncide pas rigoureusement avec le vrai mouvement du temps, et, comme la comparaison des pendules se fait électriquement, il faut calculer, en dernier lieu, la vitesse avec laquelle chaque signe franchit l'espace qui sépare les deux stations conjuguées.

Par cet exposé sommaire on peut se faire une idée de la nature complexe de ce travail, de l'analyse minutieuse, des soins attentifs et des labeurs considérables qu'il réclame lorsqu'on veut le mener à bonne fin.

Le Comité consultatif a pu constater que cette opération de haute précision effectuée par M. le Directeur de l'Observatoire de Bordeaux et M. le lieutenant de vaisseau Salats a été couronnée du succès le plus complet; bientôt la différence de longitude entre Paris et Bordeaux sera définitivement connue; et l'on peut affirmer dès à présent que l'erreur possible ne dépassera pas un ou deux centièmes de seconde de temps.

Depuis un an, M. Trépied a entrepris à l'Observatoire d'Alger un nouveau genre de travail relatif à l'étude d'un certain groupe d'étoiles comprises dans la zone lunaire; ces recherches, depuis longtemps déjà poursuivies par le Bureau des longitudes à Montsouris, viennent également d'être commencées par M. André, directeur de l'observatoire de Lyon. Cette réunion d'efforts tendant au même but, loin de constituer une superfétation, est au contraire le résultat d'un concert préalable et repose sur des raisons d'un ordre scientifique très élevé.

En effet, quand on observe un astre dans un même lieu, avec les mêmes instruments, c'est-à-dire toujours dans les mêmes conditions, il arrive souvent que les résultats sont entachés de légères erreurs systématiques. Ces erreurs suivent certaines lois d'une nature complexe et dépendent soit de la hauteur des étoiles au-dessus de l'horizon, soit de l'époque de l'année à laquelle les mesures ont été effectuées. Malgré l'habileté de l'astronome, malgré tous les soins qu'il apporte à l'exécution, il est impossible, pour les raisons indiquées précédemment, de soustraire son travail à l'influence de causes perturbatrices souvent difficiles à reconnaître ou à combattre. Pour les mettre en évidence, on ne dispose que d'un seul moyen, c'est de faire observer le même astre dans des établissements différents. En comparant, en effet, les résultats ainsi obtenus, il sera possible de révéler les divergences systématiques existant entre eux, de les évaluer et même de remonter aux causes physiques qui les ont provoquées. De plus, par la combinaison de ces mêmes résultats on arrivera à conclure la position de ces étoiles avec une précision bien plus grande que celle qu'il est possible d'atteindre dans un observatoire unique.

Outre l'intérêt général qu'offriront ces études pour les recherches de l'astronomie sidérale, l'entreprise en question aura des conséquences scientifiques et pratiques d'une grande portée, qu'il convient de caractériser brièvement.

On sait que la position des astres mobiles s'obtient en rattachant ces astres à des points de repère fixes bien déterminés et disséminés dans l'espace; le groupe d'étoiles qui fait l'objet du travail commun est destiné à servir à la connaissance des positions successives de la Lune dans son mouvement autour de la Terre. Telle est l'application scientifique; quant à l'application pratique, elle sera journalière. C'est en effet sur des observations lunaires que le voyageur et le marin se basent pour la détermination de leur route et pour la connaissance du lieu où ils se trouvent, et c'est dans ce but utilitaire que toutes les éphémérides astronomiques inscrivent pour chaque jour, à côté de la position de la Lune, celle des étoiles de culmination qui se trouvent dans son voisinage.

Notre connaissance des temps, pour donner satisfaction à ce besoin pratique, puise et puisera tous les éléments nécessaires dans les recherches entreprises à cet effet.

Voici maintenant le compte rendu détaillé sur l'état et l'activité scientifiques des observatoires departementaux.

OBSERVATOIRE DE MARSEILLE.

PERSONNEL.

Le personnel se compose de :

MM. Stephan, astronome titulaire, *directeur ;*
Borrelly, astronome adjoint ;
Coggia, astronome adjoint ;
Lubrano et Maître, calculateurs.

BUDGET.

Le budget comprend 31,100 francs, savoir : 16,100 francs alloués par l'État, et 15,000 francs par la ville.

INSTRUMENTS.

Les principaux instruments sont au nombre de quatre :

1° Un cercle méridien ;
2° Un télescope Foucault de 0m,80 ;
3° Un équatorial ;
4° Un chercheur.

Tous ces instruments sont en parfait état, mais le grand télescope a encore cette année conservé sa monture en bois, qui rend très pénible le maniment de cet instrument.

La pendule sidérale pour laquelle un crédit a été alloué l'an dernier ne pourra être livrée que dans quelques mois.

TRAVAUX.

ASTRONOMIE.

L'observatoire de Marseille est entré depuis plusieurs années déjà dans une sphère d'activité régulière. Le plan des travaux est resté le même et a déjà plusieurs fois reçu la sanction du Comité consultatif. MM. Borrelly et Coggia ont été alternativement chargés du service méridien, et les travaux effectués par eux au cercle méridien comprennent

1° La détermination de l'heure et la comparaison des chronomètres apportés à l'observatoire;

2° L'observation des étoiles de comparaison;

3° La revision du catalogue de Rumker.

Dans le service méridien on a déterminé simultanément les deux coordonnées de chaque astre. Le nombre des observations doubles ainsi effectuées est de 2,765, dont 1,225 par M. Borelly et 1,540 par M. Coggia.

L'équatorial était à la disposition de ces deux astronomes en dehors de leur service méridien, et M. Borrelly, qui a encore cette année poursuivi la recherche des planètes intra-mercurielles, a effectué avec cet instrument 46 observations de planètes et de comètes. M. Coggia en a fait 40.

M. Stéphan a continué les recherches entreprises depuis longtemps par lui et relatives aux nébuleuses. Tout en s'attachant spécialement à bien déterminer la position précise de celles qu'il a antérieurement découvertes, le Directeur en a rencontré 60 nouvelles dont il a donné dans les *Comptes rendus de l'Académie des sciences* (tome XCII) la description sommaire. — Il en a également trouvé d'autres, en nombre à peu près égal, qui seront publiées prochainement.

MÉTÉOROLOGIE.

Le service magnétique et météorologique a été continué régulièrement de trois heures en trois heures, de 7 heures du matin à 10 heures du soir; on a joint aux observations ordinaires du service celles de 9 heures du matin et de midi, ainsi que les deux indiquées pour le service international

On peut voir par ce résumé, que cette année comme les précédentes, le zèle et l'activité du directeur et de ses deux collaborateurs ne se sont point ralentis : ils ont effectué des travaux considérables et obtenu des résultats importants.

OBSERVATOIRE DE TOULOUSE.

PERSONNEL.

MM. BAILLAUD, astronome titulaire, *Directeur* ;
FABRE, JEAN, aides astronomes;
SAINT-BLANCAT, auxiliaire.

BUDGET.

Il se compose de 12,000 francs alloués par l'État et de 10,000 francs alloués par la ville.

INSTRUMENTS.

Les principaux instruments sont :

1° Un télescope de $0^m,85$ d'ouverture et de 5 mètres de distance focale;

2° Un chercheur de comètes et de planètes d'Eichens, système Villarceau ;

3° Une ancienne lunette de Ramsden;

4° Un petit télescope Foucault de $0^m,108$ d'ouverture et une lunette de Bianchi sans monture parallactique ;

5° Un équatorial de $0^m,25$ d'ouverture de MM. Brunner, avec un micromètre pour les observations usuelles, et un autre pour les étoiles doubles.

Les instruments météorologiques sont :

Un baromètre, un thermomètre, un pluviomètre, un anémomètre et un anémoscope. Tous sont enregistreurs.

Deux boussoles, prêtées par le Bureau des longitudes et installées dans le pavillon magnétique, complètent le matériel.

TRAVAUX.

Grâce à l'installation du nouvel equatorial, l'activité scientifique a été plus considérable encore cette année que les années précédentes. La tâche que s'est imposée cet établissement comprend :

1° Les observations qu'on peut appeler accidentelles, c'est-à-dire l'étude des taches du Soleil, celle des satellites de Jupiter et de Saturne;

Les mesures de haute précision, consistant dans l'observation des comètes, des planètes et des amas d'étoiles. Cette tâche a été poursuivie et accomplie avec zèle par le directeur et son personnel.

M. Fabre, spécialement chargé du service magnétique et météorologique, a de plus observé avec succès les satellites de Saturne, et la série de ses recherches comprend 134 observations.

M. Jean a continué l'étude des taches du Soleil; il a effectué environ 1,550 observations. Il a en outre assisté régulièrement M. Baillaud à l'équatorial, et fait lui même à cet instrument une trentaine d'observations.

M. Saint-Blancat s'est occupé du travail matériel si ingrat qu'exigent la transcription et les calculs météorologiques; il a comparé en outre tous les jours les pendules et les chronomètres, effectué la détermination de l'heure toutes les fois que le temps le permettait, et observé la Lune quand elle passe au méridien de 6 heures du soir a 6 heures du matin.

M. Baillaud a étudié avec soin l'équatorial et son micromètre à planètes, et s'est appliqué aussi à déterminer avec précision les positions relatives des étoiles qui constituent l'amas 1,166; une partie des résultats a été déjà publiée

La rédaction de la première partie du tome II des Annales est poussée activement. Cette première partie comprendra divers mémoires scientifiques de M. Baillaud, l'un sur le calcul numérique des intégrales définies, un autre sur une formule générale pour le développement de la fonction perturbatrice. Elle renfermera aussi un mémoire de M. Bigourdan rédigé en 1878 et contenant la réduction des observations de planètes faites à Toulouse par Darquier et Vidal; plus de 600 observations des satellites de Jupiter et de Saturne, et une discussion des résultats relatifs à cette dernière planète.

On y trouvera encore les observations de la Lune et des étoiles lunaires avec le tableau des corrections instrumentales, et enfin des observations de comètes, de planètes et de l'essaim des Perséides.

OBSERVATOIRE DE BORDEAUX.

PERSONNEL.

Le personnel comprend :

MM. Rayet, astronome titulaire, *directeur;*

Doublet, élève astronome (pour le service astronomique);

Courty, élève astronome (pour le service météorologique).

BUDGET.

Le budget est de 30,000 francs, dont 20,000 sont alloués par l'État et 10,000 par la ville.

INSTRUMENTS.

L'observatoire se trouve actuellement en possession des instruments suivants :

1° Un cercle méridien de 7 pouces d'Eichens;

2° Deux pendules de M. Fénon;

3° Une pendule de temps moyen de M. Rédier;

4° Un objectif de mire de 0^m,80 de foyer et une mire pour les observations de longitude.

Deux équatoriaux, l'un de 14 pouces et l'autre de 8, sont actuellement en construction; mais ils ne pourront être installés que vers la fin de 1882.

TRAVAUX.

On voit par l'exposé ci-dessus que le seul instrument de travail de l'obser vatoire de Bordeaux est le cercle méridien; mais il faut en outre considérer que l'installation définitive et l'étude de cette lunette ont duré jusqu'à la fin de juin et que les observations méridiennes n'ont pu commencer qu'avec le second semestre. Malgré ces retards, le nombre des observations effectuées dans cette seconde moitié de l'année est encore très élevé.

Conformément au plan adopté pour 1881, M. Rayet a entrepris la revision des étoiles australes du catalogue d'Argelander-Œltzen qui se trouvent dans la zone comprise entre — 15° et — 20°; un travail persévérant a permis au directeur, assisté de ses deux collaborateurs, de déterminer les positions complètes de 1,527 étoiles.

Nous avons parlé plus haut d'une autre étude effectuée par M. Rayet de concert avec M. Salats, relativement à la détermination de la différence de longitude entre Paris et Bordeaux, et nous en avons constaté le succès; il ne nous reste plus pour compléter le tableau des travaux accomplis à l'observatoire, qu'à parler des notes et mémoires de M. Rayet publiés dans les Actes de l'Académie de Bordeaux, savoir :

1° Une note sur le coup de froid du 16 janvier 1881;

2° Une note sur les chaleurs extrêmes de juillet et août 1881;

3° Un mémoire historique sur la fondation de cet établissement astronomique.

OBSERVATOIRE DE LYON.

PERSONNEL.

Par suite de la démission de M. Jays et du départ de M. Trémaux, le personnel se trouve réduit à :

MM. André, astronome titulaire, *directeur;*
Gonnessiat, élève astronome;
Marchand, aide météorologiste.

BUDGET.

Le budget alloué par l'État est de 20,000 francs.

INSTRUMENTS.

Les instruments astronomiques sont :

1° Un petit cercle méridien portatif de Rigaud, dont le réticule est disposé pour l'observation électrique : cet instrument est accompagné d'une pendule sidérale et d'un chronographe sur lequel s'enregistrent l'heure de la pendule et celle de l'observation ;

2° Un cercle méridien d'Eichens accompagné d'une pendule Rédier et d'un frappeur électrique qui bat la seconde ;

3° Une lunette de 4 pouces montée sur un pied équatorial ;

4° 2 chronomètres Bréguet réglés l'un sur le temps sidéral, l'autre sur le temps moyen ;

5° Un équatorial de 6 pouces construit par les frères Brunner.

Les instruments météorologiques comprennent tout l'outillage nécessaire à ce service : thermomètre, baromètre, etc.

TRAVAUX EFFECTUÉS.

Dans le service astronomique, qui a dû forcément se ressentir des lacunes survenues dans le personnel, le directeur a installé le nouvel équatorial de 6 pouces, et il a commencé l'étude pratique des dispositions à prendre pour transmettre électriquement l'heure de Saint-Genis à six points déterminés de la ville de Lyon.

D'autre part, en vue de satisfaire au désir de la municipalité, on prépare un service d'essai et de contrôle des montres et chronomètres qui seront envoyés par les horlogers de la localité. Ces entreprises sont en réalité du ressort de l'astronomie; de plus elles ont pour but le développement d'une industrie locale naissante; on doit donc savoir gré au directeur des mesures qu'il a prises et des efforts qu'il a tentés dans cette voie.

A la fin de l'année 1881, M. André a entrepris avec l'équatorial l'étude des étoiles doubles; il a également commencé l'observation des étoiles de culmination lunaire.

Dans le service météorologique, les observations ont continué à être faites

régulièrement de trois heures en trois heures : le premier volume des annales (partie météorologique) est à l'impression. Il comprendra tous les travaux exécutés jusqu'à 1881.

OBSERVATOIRE D'ALGER.

PERSONNEL.

M. Trépied, membre adjoint du Bureau des longitudes, *directeur* ;
M. Rambaut, aide observateur.

BUDGET.

Le budget alloué par l'État est de 12,900 francs.

INSTRUMENTS.

L'outillage scientifique est très insuffisant et de plus très défectueux ; il comprend :

1° Un cercle méridien portatif de Brunner, sans micromètre ;

2° Un télescope Foucault de 0m,33 d'ouverture, sans monture parallactique ;

3° Un télescope Foucault de 0m,50 d'ouverture, avec monture parallactique.

M. Mathieu de la Redorte a bien voulu prêter à M. Trépied un cercle méridien de Secrétan, pour remplacer le petit cercle tout à fait insuffisant.

TRAVAUX.

Le directeur a dû cette année, vu la position très désavantageuse de l'observatoire et l'expiration du bail, s'occuper de trouver un emplacement pro pièce, y transporter et installer le matériel; malgré les difficultés de tout genre et les retards suscités par ce transfert, les travaux astronomiques ont été poussés avec une grande ardeur, et l'on peut constater que la productivité scientifique a été très satisfaisante. Voici du reste le tableau des travaux effectués en 1881 :

1° 4,559 positions des étoiles de culmination lunaire et de comparaison;

2° 80 déterminations en ascension droite de la Lune;

3° 69 observations des satellites de Jupiter, éclipses, occultations et passages sur le disque de la planète;

4° 52 positions d'astéroïdes, grande comète de 1881 et petites planètes.

Le service chronométrique, organisé par M. Trépied, fonctionne très bien, et rend déjà des services à la navigation, par l'étude minutieuse de la marche des chronomètres.

Le directeur a en outre fourni son contingent à la Connaissance des temps en calculant les occultations des étoiles par la Lune.

Les observations météorologiques se font régulièrement de trois heures en trois heures.

Les travaux effectués sont donc nombreux et importants, et, si l'on considère les difficultés de la situation, l'état défectueux des instruments et l'insuffisance du personnel, on peut reconnaître que M. Trépied a dû, pour arriver aux résultats obtenus, déployer une grande énergie.

OBSERVATOIRE DE BESANÇON.

L'observatoire de Besançon, dont le décret de fondation remonte à 1878, est encore, par suite de difficultés ultérieurement survenues et actuellement aplanies, à sa première période de construction, et la nomination du directeur actuel ne date que du 16 octobre 1881.

Le nouveau directeur, M. Gruey, s'occupa immédiatement des plans pour la construction de son observatoire et des instruments qui doivent y être installés. Pour réunir tous les éléments nécessaires au service chronométrique, M. Gruey a visité en novembre tous les observatoires de la Suisse, et a donné dans un rapport très détaillé adressé au Ministre de l'Instruction publique, les résultats de son voyage. Le directeur a publié en outre un mémoire intéressant intitulé : *Nouvelle méthode pour la détermination des constantes du sextant;* ce travail, qui a été accueilli favorablement par la marine, est destiné à rendre d'utiles services à la navigation.

Le conseil départemental du Doubs ayant bien voulu allouer une somme de 5,000 francs pour l'acquisition des instruments nécessaires à la météorologie, ce service seul a pu être organisé et fonctionne régulièrement. Un réseau d'observatoires disséminés dans le département envoie ses observations au directeur, qui les joint aux siennes et les transmet chaque mois au bureau central de météorologie.

CONCLUSIONS.

Le Comité consultatif, en prenant connaissance du rapport si intéressant des observatoires de province, a été frappé de certaines lacunes qui existent dans leur organisation générale.

Grâce aux sacrifices que le pays s'est imposés, le développement matériel de ces divers établissements est presque achevé; ils ont tous ou auront bientôt à leur disposition de puissants instruments de travail; mais pour pouvoir tirer de cet outillage le meilleur parti possible il est indispensable de le mettre entre les mains d'un personnel suffisamment nombreux. Or ce personnel, si nécessaire pour satisfaire aux exigences scientifiques, manque dans la plupart des observatoires. Le recrutement est encore nécessaire à un autre point de vue. Il s'agit, en effet, d'assurer l'avenir, en formant et en entretenant un personnel instruit et expérimenté, véritable pépinière de savants, capables d'accroître incessament le legs du passé, afin de maintenir la France, dans le domaine de l'astronomie expérimentale, au rang élevé qu'elle occupe dans les autres branches du savoir.

Nous devons insister ici d'une manière pressante, pour cette grave raison, qu'il y a peu d'années encore il nous était matériellement impossible en France, faute d'astronomes observateurs, d'effectuer des travaux à la hauteur des productions étrangères.

Il nous reste à signaler un autre point qui appelle également une prompte solution.

Tous les travaux astronomiques, quels qu'en soient le nombre et l'importance, ne peuvent avoir, dans le présent et dans l'avenir, une valeur effective, s'ils demeurent enfouis dans les archives des observatoires. La publicité qui leur serait donnée permettrait de les discuter, de les apprécier et d'en tirer toutes les conséquences profitables qu'ils comportent. En même temps les astronomes trouvent dans la mise en lumière de leurs travaux la consécration de leurs efforts, et une des plus hautes récompenses qu'ils puissent envier. Jusqu'à présent, faute de ressources, cette publication n'a pas été possible.

L'observatoire de Marseille, pour ne citer qu'un exemple, entasse chaque année un nombre considérable de travaux très intéressants de toute nature. Les résultats fourniraient déjà la matière de plusieurs volumes, dont aucun n'a pu être encore publié. Pour que les observatoires puissent réellement remplir le but auquel ils sont destinés, pour mettre vraiment à profit les ressources que l'État et les villes ont généreusement allouées à l'astronomie, le Comité consultatif, à l'unanimité, juge indispensables les mesures suivantes :

1° Doter chaque observatoire d'un personnel d'astronomes convenablement choisi;

2° Allouer à chaque observatoire un crédit spécial pour la publication des travaux.

Le Comité pense qu'il lui suffira de soumettre ces quelques observations à votre haute appréciation pour éveiller votre sollicitude bien connue et pour obtenir par votre autorité les sommes nécessaires pour satisfaire à ces divers besoins.

www.ingramcontent.com/pod-product-compliance
Lightning Source LLC
LaVergne TN
LVHW010410240826
846091LV00020B/3097

9782329645926